NAI Jobsite Safety Handbook | Guía De Seguridad En El Sitio De Trabajo

National Association of Home Builders

U.S. Occupational Safety and Health Administration

Asociación Nacional de Constructores De Viviendas

La Oficina Administrativa De Seguridad Y Salud Ocupacional De Los Estados Unidos

BuilderBooks™
National Association of Home Builders
1201 15th Street, NW
Washington, DC 20005-2800
(800) 223-2665
www.builderbooks.com

NAHB-OSHA
Jobsite Safety Handbook

ISBN 0-86718-529-5
© 2002 by BuilderBooks™
of the National Association of Home Builders
of the United States of America

All rights reserved. No part of this book may be reproduced or utilized in any form or by any means, electronic or mechanical, including photocopying and recording, or by any information storage and retrieval system without permission in writing from the publisher.

Printed in the United States of America.

Disclaimer

The information contained in this publication is not considered a substitute for any provisions of the Occupational Safety and Health Act of 1970 or for any standards written by OSHA.

This publication is designed to provide accurate and authoritative information in regard to the subject matter covered. It is sold with the understanding that the publisher is not engaged in rendering legal, accounting, or other professional service. If legal advice or other expert assistance is required, the services of a competent professional person should be sought.

—From a Declaration of Principles jointly adopted by a Committee of
the American Bar Association and a Committee of Publishers and Associations

Rectificación

La información contenida en esta publicación no es considerada un sustituto de alguna provisión del Acta de Seguridad Ocupacional y Salud de 1970, o por alguna norma escrita por OSHA.

Esta publicación es designada para proveer una información precisa y autoritaria en referencia a asunto cubierto. Esto es vendido con el entendimiento que el publicante no está obligado en interpretaciones legales, contabilidad u otros servicios profesionales. Si se requiere de un consejo legal u otra asistencia profesional, se deberá solicitar los servicios de una persona profesional competente.

—De una recopilación de la Declaración de Principios adoptada por "Committee of
the American Bar Association" y "Committee of Publishers and Associations"

Quantity Discounts

Quantity discounts for individual BuilderBooks titles are available. Multi-title packages are also available for certain books. For further information, please contact—

Director of Marketing
BuilderBooks™
National Association of Home Builders
1201 15th Street, NW
Washington, DC 20005-2800
Check us out online at http://www.builderbooks.com
or call (800) 368-5242

12/01 Circle Graphics/P.A. Hutchison 10,000

4/02 P.A. Hutchison 25,000

Acknowledgments

A special acknowledgement for those individuals who assisted in the development of the English-Spanish edition of the *NAHB-OSHA Jobsite Safety Handbook*. Special thanks are due to Connie Wilhelm, President and Executive Officer of the Home Builders Association of Central Arizona, for her contribution in getting this edition off the ground; BJ Anderson, Owner and President of Construction Safety Consultants, Inc., and Javier Mosquera, Safety and Health Consultant and Trainer of Construction Safety Consultants, Inc., for their valuable assistance in reviewing the Spanish material for this edition; and Nancy Higgins for providing the principal Spanish translation.

We would also like to express appreciation to the fine people at BuilderBooks for their support and enthusiasm in developing the English-Spanish edition of the *NAHB-OSHA Jobsite Safety Handbook*.

We would also like to thank all those who contributed to the earlier editions of this handbook.

The second edition of the English *NAHB-OSHA Jobsite Safety Handbook* resulted from a cooperative effort between the National Association of Home Builders and the U.S. Occupational Safety and Health Administration.

Numerous individuals and companies were integral to the development of this document. NAHB and OSHA wish to thank the following for their generous contribution of time and professional expertise in helping to develop this handbook:

Building Companies—Accent Decorators, Inc.; Aluminators, Inc.; Burja Construction; Cardinal Roofing; K&J Contractors; Snedden Brothers; and a special thanks to Winchester Homes for help with the photographs in this book.

Committee Members—Barry Larson, Chairman; Mike McMichael, Vice Chairman; James Anderson; David Asbridge; Bob Behlman; Pat Bridges; Steve Caporaso; Anthony Clatterbuck; Larry Franklin; Diane Glenn; Tony Goulet; Danny Graham; Jim Kuhn; Bob Masterson; Stuart Price; Leon Rogers; Craig Steele; Mike Thibodeaux; Bruce Thompson; Wesly Galyon; Bob Hanbury; and Chip Hughes.

ACKNOWLEDGMENTS

Book Development—This handbook was developed and written under the direction of—

Jerry Howard, Executive Vice President
and Chief Executive Officer
National Association of Home Builders
1201 15th Street, NW
Washington, DC 20005-2800

Charles N. Jeffress, Assistant Secretary
Occupational Safety and Health
  Administration
United States Department of Labor
200 Constitution Avenue, NW
Washington, DC 20210

The *NAHB-OSHA Jobsite Safety Handbook* is a joint effort by the National Association of Home Builders and the Occupational Safety and Health Administration. The handbook is the second edition of the initial cooperative effort between NAHB and OSHA to assist builders and trade contractors in the residential construction industry.

Regina C. B. Solomon, CSP, then NAHB Director of Labor, Safety, and Health Services, prepared the first edition under the general direction of NAHB's Kent Colton, and OSHA's Joseph A. Dear (Assistant Secretary 1992–96). Solomon is now President of Aurus Safety Management, Inc., in Anderson, SC.

This handbook is designed to identify safe work practices and related OSHA requirements that have an impact on the most hazardous activities in the construction industry. Many detailed and lengthy requirements—such as the lead and asbestos standards—applicable to portions of the industry are not included in this handbook.

This handbook also does not replace any requirements detailed in the actual OSHA regulations for construction (Title 29 Code of Federal Regulations, Part 1926); the handbook should only be used as a companion to the actual regulations.

The main goal of the handbook is to explain in an easily understood language what builders can do to comply with safe work practices and some of the OSHA requirements. The goal of the handbook is to help the residential construction industry comply with OSHA standards while focusing on the most common hazards found on their jobsites.

If any inconsistency ever exists between the handbook and the OSHA regulations, the OSHA regulations (29 CFR 1926) will always prevail. This document should never be considered a substitute for any provisions of a regulation.

Figuras

1. Trabajador usando equipo personal protectivo   5
2. Sitio de trabajo ordenado   8
3. Escaleras debidamente resguardadas   9
4. Dos maneras de asegurar la base de una escalera de mano   10
5. Escalera de mano para subir al siguiente nivel   11
6. Angulo apropiado para escaleras de mano y contacto de 3 puntos   12
7. Base de andamio, umbral, y placa de base   14
8. Lista de comprobación para el uso seguro de andamios   15
9. Andamio seguro con plataforma fabricada.   17
10. Guimbalete debidamente instalado   17
11. Barandal de seguridad para abertura de ventana   19
12. Barandal de seguridad alrededor de una abertura en el piso   20
13. Altura correcta para barandales y barandales medios   20
14. Métodos seguros de trabajar con armaduras   21
15. Resguardos contra resbalones para protección contra caídas   22
16. Resguardos contra resbalones para un techo con una inclinación de 7:12   23
17. Esquema de una excavación residencial   24
18. Caja de zanja   25
19. Zanja bancada a través de un cimiento para casa hogar   26
20. Sierre eléctrico apropiadamente resguardado   28
21. Equipo para mover tierra con aparatos de seguridad   29
22. Cordón de extensión protegido con un circuito interruptor falta a tierra   31
23. El método de "PASS"   32
24. Lata de seguridad para líquidos inflamables   33

Introduction

The residential construction industry represents a significant percentage of the construction work force. Safe work practices of small building companies play an important part in reducing injuries and fatalities in the residential construction industry.

OSHA defined *residential construction* in the December 1995 "Interim Fall Protection Guidelines for Residential Construction" as "structures where the working environment, and the construction materials, methods, and procedures employed are essentially the same as those used for typical house (single-family dwelling) and townhouse construction. Discrete parts of a large commercial structure may come within the scope of this definition (for example, a shingled entranceway to a mall), but such coverage does not mean that the entire structure thereby comes within the terms of this definition."

This *Jobsite Safety Handbook* highlights the minimum safe work practices and regulations related to the major hazards and causes of fatalities occurring in the residential construction industry. The information presented in this handbook does not exempt the employer from compliance with all the requirements contained in Title 29 Code of Federal Regulations, Part 1926, any state or local safety laws and regulations and applicable standards for the residential construction industry. You should use the *Jobsite Safety Handbook* only as a general guide to safety practices.

For additional specific legal requirements and safety practices relevant to your particular job, you should rely on the specific regulations and generally accepted safe work practices that are accepted in your area.

Introduccion

La industria de constructores de casas hogar representa un porcentaje grande de la industria constructora. Los métodos de seguridad que usan las compañías constructoras menores juegan un papel importante en la industria de constructores de casas hogar en reducir lesiones y muertes.

OSHA define la *construcción de casas hogar* en su "Guía para Protección Contra Caídas En la Construcción de Casas Hogar" con fecha Diciembre del 1995 como "estructuras donde el ambiente laborable, y los materiales de construcción, los métodos y los procedimientos empleados son esencialmente los mismos de los que se usan para las residencias típicas (casas hogar para una familia) y en la construcción de residencias urbanas. Secciones discretas de una estructura comercial grande pueden caer dentro del embrazo de esta definición (por ejemplo, una entrada entablillada a un centro comercial), pero dicho enfoque no quiere decir que la estructura entera por eso mismo cae bajo los términos de esta definición."

Esta *Guía de Seguridad en el Sitio de Trabajo* detalla los métodos básicos de seguridad en el trabajo y los reglamentos relacionados con los mayores riesgos y causas de muertes que ocurren en la industria de construcción de casas hogar. La información que se presenta en esta guía no desobliga al patrón a cumplir con todos los requerimientos contenidos en la Código de Reglamentos Federales Título 29, Sección 1926, cualquier ley local o estatal referente a la seguridad, y los reglamentos estatales o locales, y los reglamentos y las normas pertinentes a la industria de construcción de casas hogar. Ustedes deberán usar la *Guía de Seguridad en el Sitio de Trabajo* únicamente como una guía general de métodos seguros.

Para adicionales requerimientos legales específicos y métodos seguros pertinentes a sus propios tipos de trabajo, deben adoptar los reglamentos específicos y las prácticas seguras laborales generalmente aceptables en su área.

Safety and Health Program Guidelines

Employers need to institute and maintain a company program of policies, procedures, and practices to protect their employees from, and help them to recognize, job-related safety and health hazards.

The company safety program should include procedures for the identification, evaluation, and prevention or control of workplace hazards, specific job hazards, and potential hazards that may arise.

An effective company safety program will include the following four main elements:

1. Management Commitment
The most successful company safety program includes a clear statement of policy by the owner, management support of safety policies and procedures, and employee involvement in the structure and operation of the program.

2. Worksite Analysis
An effective company safety program sets forth procedures to analyze the jobsite and identify existing hazards and conditions and operations in which changes might occur to create new hazards.

Guías para el Programa de Seguridad y Salud

Los patrones necesitan realizar y mantener un programa para sus compañías que contenga las políticas, los procedimientos y los métodos diseñados para proteger a sus empleados y ayudarles a reconocer riesgos relacionados con sus trabajos que afectan la seguridad y la salud.

El programa de seguridad de la compañía debe incluir procedimientos para la identificación, evaluación y prevención o control de los riesgos en el sitio de trabajo, riesgos laborables específicos y riesgos posibles.

Un efectivo programa de seguridad para la compañía debe incluir los siguientes cuatro elementos primordiales:

1. Comprometimiento de la Gerencia

El programa mas efectivo de seguridad para la compañía debe incluir una declaración clara por el dueño afirmando que la gerencia apoya las políticas y procedimientos de seguridad y el envolvimiento de sus empleados en la estructura y operación del programa.

2. Analizando el Sitio de Trabajo

Un programa de seguridad efectivo para la compañía establece procedimientos para analizar el sitio de trabajo e identificar riesgos presentes y condiciones y operaciones en donde puedan suceder cambios que puedan presentar riesgos nuevos.

3. Hazard Prevention and Control

An effective safety program establishes procedures to correct or control present or potential hazards on the jobsite.

4. Safety and Health Training

Training is an essential component of an effective company safety program. The complexity of training depends on the size and complexity of the worksite as well as the characteristics of the hazards and potential hazards at the site.

Employee Duties

- [✓] Follow all safety rules
- [✓] Wear and take care of personal protective equipment
- [✓] Make sure all safety features for tools and equipment are functioning properly
- [✓] Don't let your work put another worker in danger
- [✓] Replace damaged or dull hand tools immediately
- [✓] Avoid horseplay, practical jokes, or other activities that create a hazard
- [✓] Don't use drugs or alcohol on the job
- [✓] Report any unsafe work practice and any injury or accident to your supervisor

3. Prevención y Control de Riesgos
Un programa efectivo de seguridad establece procedimientos para corregir o controlar riesgos existentes o posibles en el sitio de trabajo.

4. Entrenamiento para la Seguridad y Salud
El entrenamiento es un componente esencial de un programa efectivo de seguridad para la compañía. Que tan complejo sea el entrenamiento depende del tamaño y lo complejo que sea el sitio de trabajo, así como las características de los riesgos presentes y riesgos posibles.

Deberes de el Empleado

- ☑ Sigan todas la reglas de seguridad.
- ☑ Usen y cuiden su equipo de protección personal.
- ☑ Asegurese que todos los mecanismos de seguridad de las herramientas y el equipo estén funcionando apropiadamente.
- ☑ No deje que su trabajo arriesgue la seguridad de otro trabajador.
- ☑ Reemplace inmediatamente herramientas dañadas o embotadas.
- ☑ Eviten payasadas gastándole bromas a otros, u otras actividades que puedan crear un riesgo.
- ☑ No use drogas ni alcohol en el trabajo.
- ☑ Reporte cualquier práctica de trabajo insegura y cualquier lesión o accidente a su supervisor.

Employer Duties

- ☑ Keep the workplace free from hazards
- ☑ Inform employees of how to protect themselves against hazards that cannot be controlled
- ☑ Conduct regular jobsite safety inspections
- ☑ Have someone trained in first aid on site if you have no emergency response service nearby

Orientation and Training

Each worker must receive safety orientation and training on applicable OSHA standards, company safety requirements, and/or have enough experience to do his/her job safely. You should evaluate this training occasionally to ensure proper understanding and implementation of the company safety requirements and OSHA standards.

Deberes de el Patron

- ☑ Mantenga el sitio de trabajo libre de riesgos.
- ☑ Informe a los empleados sobre como se pueden proteger contra riesgos incontrolables.
- ☑ Conduzca inspecciones rutinarias de seguridad en el sitio de trabajo.
- ☑ Entrene a alguien en el sitio de trabajo en las medidas de primer auxilio si es que no se localiza un servicio de emergencia cercano que pueda responder si ocurre una emergencia.

Orientación y Entrenamiento

Cada trabajador debe recibir orientación y entrenamiento de seguridad referente a las normas pertinentes de OSHA, requerimientos de seguridad de la compañía, y/o tener suficiente experiencia para desempeñar seguramente su trabajo. Deben ustedes evaluar este entrenamiento de vez en cuando para asegurar que existe un entendimiento apropiado y que se hayan llevado a cabo los requerimientos de seguridad de la compañía tanto como las normas de OSHA.

5

Personal Protective Equipment

Workers must use personal protective equipment, but it is not a substitute for taking safety measures. Workers still need to avoid hazards (Figure 1).

Figure 1. This worker is preparing to cut lumber while wearing the proper personal protective equipment. He is wearing a hard hat and safety glasses, and the saw is guarded correctly. His employer has determined that he should use hearing protection.

Equipo de Protección Personal

Trabajadores deben usar su equipo de protección personal, pero aun así deben también continuar tomando medidas de seguridad para evitar los riesgos. (Figura 1).

Figura 1. Este trabajador esta listo para cortar madera usando el equipo personal protectivo apropiado. Está usando un casco de seguridad y lentes de seguridad, y la sierra está protegida correctamente. Su patrón ha determinado que el debe usar equipo de protección para los oídos.

HEAD PROTECTION

- ☑ Workers must wear hard hats when overhead, falling, or flying hazards exist or when danger of electrical shock is present.

- ☑ Inspect hard hats routinely for dents, cracks, or deterioration.

- ☑ If a hard hat has taken a heavy blow or electrical shock, you must replace it even when you detect no visible damage.

- ☑ Maintain hard hats in good condition; do not drill; clean with strong detergents or solvents; paint; or store them in extreme temperatures.

EYE AND FACE PROTECTION

- ☑ Workers must wear safety glasses or face shields for welding, cutting, nailing (including pneumatic), or when working with concrete and/or harmful chemicals.

- ☑ Eye and face protectors are designed for particular hazards so be sure to select the type to match the hazard.

- ☑ Replace poorly fitting or damaged safety glasses.

PROTECCIÓN PARA LA CABEZA

- ☑ Los trabajadores deben usar cascos de seguridad si habrán objetos aéreos volando o cuando exista el riesgo de choques eléctricos.

- ☑ Revisen los cascos de seguridad rutinariamente por abolladuras, grietas y deterioro.

- ☑ Si un casco de seguridad ha sufrido un golpe mayor o un choque eléctrico, deben reemplazarlo aun si no se nota ningún daño visible.

- ☑ Mantengan los cascos de seguridad en buena condición; no los perfore; no los laven con detergentes ni solventes fuertes; no los pinten; ni los guarde en lugares de temperaturas extrema.

PROTECCIÓN PARA OJOS Y CARA

- ☑ Los trabajadores deben usar lentes de seguridad o escudos protectores para soldaduras, cortes, amartillando (inclusive martillando con una maquina neumática), o cuando estén trabajando con concreto y/o sustancias químicas.

- ☑ Los protectores para los ojos y cara están diseñados para protección contra riesgos particulares, de modo que uno debe asegurar que esta seleccionando el equipo apropiado para el tipo de trabajo que uno ira a desempeñar.

- ☑ Repongan los lentes de seguridad que no ajusten bien o que estén dañados.

PERSONAL PROTECTION EQUIPMENT

FOOT PROTECTION

- ☑ Residential construction workers must wear shoes or boots with slip-resistant and puncture-resistant soles (to prevent slipping and puncture wounds).
- ☑ Safety-toed shoes are recommended to prevent crushed toes when working with heavy rolling equipment or falling objects.

HAND PROTECTION

- ☑ High-quality gloves can prevent injury.
- ☑ Gloves should fit snugly.
- ☑ Glove gauntlets should be taped for working with fiberglass materials.
- ☑ Workers should always wear the right gloves for the job (for example, heavy-duty rubber for concrete work, welding gloves for welding).

FALL PROTECTION

- ☑ Use a safety harness system for fall protection.
- ☑ Use body belts only as positioning devices—not for fall protection.

PROTECCIÓN PARA LOS PIES

- ☑ Los trabajadores construyendo casas hogar deben usar zapatos o botas con suelas resistentes a las resbaladas y resistentes a las perforaciones (para prevenir resbaladas y lesiones por punzadas).

- ☑ Calzado con protectores para los dedos del pie son recomendados para prevenir que los dedos del pie se aplasten si uno esta trabajando con equipo pesado rodante u objetos cayéndo.

PROTECCIÓN PARA LAS MANOS

- ☑ Guantes de alta calidad pueden prevenir lesiones.
- ☑ Los guantes deben ajustar cómodamente.
- ☑ Las mangas de los guantes deben atarse si uno esta trabajando con materiales de fibra de vidrio.
- ☑ Los trabajadores siempre deben usar los guantes apropiadas para el tipo de trabajo (por ejemplo, hule reenforzado si se está trabajando con concreto, guantes de soldadura para las soldaduras).

PROTECCIÓN CONTRA CAÍDAS

- ☑ Para protección contra caídas, usen un sistema de arnés protector.
- ☑ Usen cinturones de cuerpo únicamente para colocarse—no para protección contra caídas.

8

Housekeeping and Access at Site

- ☑ Keep all walkways and stairways clear of trash/debris and other materials such as tools and supplies to prevent tripping.

- ☑ Keep boxes, scrap lumber, and other materials picked up. Put them put in a dumpster or trash/debris area to prevent fire and tripping hazards (Figure 2).

- ☑ Provide enough light for workers to see and to prevent accidents.

Figure 2. The builder keeps this jobsite clean by using an onsite trash collection bin.

Aseo y Acceso al Sitio de Trabajo

- ☑ Para prevenir las tropezadas, mantengan todos los pasajes y escaleras libres de basura/desechos y de otros materiales tal como herramientas y provisiones

- ☑ Para prevenir los riesgos de incendios y tropezadas, recojan las cajas, desechos de madera, y otros materiales. Pónganlos en el basurero u otro sitio en donde se deposita la basura y los desechos.

- ☑ Proporcionen suficiente luz para prevenir los accidentes y para que los trabajadores puedan ver.

Figura 2. Este constructor mantiene el sitio de trabajo limpio usando un basurero localizado en el mismo sitio de trabajo para arrojar la basura.

Stairways and Ladders

- ☑ Install permanent or temporary guardrails on stairs before stairs are used for general access between levels to prevent someone from falling or stepping off edges (Figure 3).

- ☑ Do not store materials on stairways that are used for general access between levels.

- ☑ Keep hazardous projections such as protruding nails, large splinters, etc. out of the stairs, treads and handrails.

Figure 3. Worker is walking up properly guarded steps.

Escaleras y Escaleras de Mano

- Para prevenir las caídas o pisando sobre las orillas, instalen barandales permanentes o provisionales en las escaleras antes de que se usen para acceso general entre los pisos (Figura 3).

- No pongan materiales sobre las escaleras utilizadas para acceso general entre los pisos.

- Quiten los clavos salientes, astillas grandes, etc., de las superficies de los escaleras, tablas y barandales.

Figura 3. El trabajador está subiendo las escaleras que están correctamente aseguradas.

10 STAIRWAYS AND LADDERS

- ☑ Correct any slippery conditions on stairways before they are used.

- ☑ Keep manufactured and job-made ladders in good condition and free of defects.

- ☑ Inspect ladders before use for broken rungs or other defects so falls don't happen. Discard or repair defective ladders.

- ☑ Secure ladders near the top or at the bottom to prevent them from slipping and causing falls.

- ☑ When you can't tie the ladder off, be sure the ladder is on a stable and level surface so it cannot be knocked over or the bottom of it kicked out (Figure 4).

- ☑ Place ladders at the proper angle (1 foot out from the base for every 4 feet of vertical rise, Figure 5).

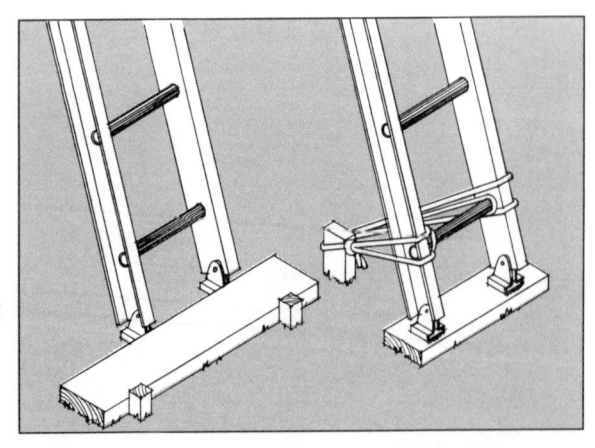

Figure 4. The drawing shows two ways to secure the base of a ladder to ensure proper footing.

ESCALERAS Y ESCALERAS DE MANO

☑ Corrijan toda condición resbalosa en las escaleras antes de que se usen.

☑ Mantengan escaleras de mano fabricadas y construídas en el trabajo en buena condición y sin defectos.

☑ Revisen las escaleras de mano antes de que se usen por si hay peldaños rotos u otros defectos. Tiren o reparen las escaleras de mano defectuosas.

☑ Aseguren las escaleras de mano junto al punto mas alto y cerca del punto mas bajo para evitar que se resbalen y causen caídas.

☑ Cuando no puedan asegurar las escaleras de mano, asegurense de que la escalera esté colocada sobre una superficie estable y nivelada para que no pueda caerse o para evitar que se tope o se tope con una pateada.

☑ Coloquen las escaleras de mano al ángulo apropiado (1 pie afuera de la base por cada 4 pies de superficie vertical (Figura 5).

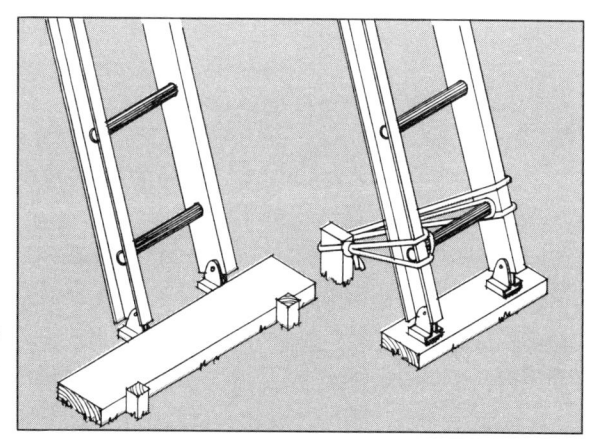

Figura 4. El dibujo muestra dos maneras de asegurar la base de una escalera de mano para asegurar el propio equilibrio.

11 STAIRWAYS AND LADDERS

- ☑ Extend ladders at least 3 feet above the landing to provide a handhold or for balance when getting on and off the ladder from other surfaces (Figure 5).

- ☑ Do not set up a ladder near passageways or high traffic areas where it could be knocked over.

- ☑ Use ladders only for what they were made and not as a platform, runway, or as scaffold planks.

- ☑ Always face the ladder and maintain 3 points of contact when climbing a ladder (Figure 6).

Figure 5. When ladders are used for access to an upper level they must extend at least 3 feet above the roof surface.

ESCALERAS Y ESCALERAS DE MANO **11**

- ☑ Extiendan las escaleras de mano por lo menos 3 pies arriba del descanso de la escalera para tener un lugar en donde uno pueda detenerse o para balancearse al subir o bajarse de la escalera (Figura 5).

- ☑ No coloquen una escalera de mano cerca de pasajes o lugares de mucha congestión en donde se pueda topar.

- ☑ Usen escaleras de mano exclusivamente para lo que fueron diseñadas y no las usen como plataformas, pistas, o tablones para los andamios.

- ☑ Siempre suban las escaleras de mano de frente y mantengan 3 puntos de contacto al subir una escalera de mano (Figura 6).

Figura 5. Cuando las escaleras de mano se usan para subir a un nivel mas alto, deben ser extendidas no menos de 3 pies arriba de la superficie de el techo.

12 STAIRWAYS AND LADDERS

Figure 6. This worker is climbing a ladder set at the proper angle (4:1) with a three-point contact grip (two hands and one foot).

ESCALERAS Y ESCALERAS DE MANO **12**

Figura 6. Ese trabajador esta subiendo una escalera de mano colocada al ángulo apropiado (4:1) con tres puntos de contacto (dos manos y un pie).

Scaffolds and Other Work Platforms

GENERAL

- [✓] Provide safe access to get on and off of scaffolds and work platforms safely. Use ladders safely (see Stairways and Ladders).

- [✓] Keep scaffolds and work platforms free of debris. Keep tools and materials as neat as possible on scaffolds and platforms. These practices will help prevent materials from falling and workers from tripping.

- [✓] Erect scaffolds on firm and level foundations (Figure 7a and 7b).

- [✓] Finished floors will normally support the load for a scaffold or work platform and provide a stable base.

- [✓] Place scaffold legs on firm footing and secure from movement or tipping, especially on dirt or similar surfaces (Figures 7a and 7b).

- [✓] Erect and dismantle scaffolds only under the supervision of a competent person.

- [✓] Each scaffold must be capable of supporting its own weight and 4 times the maximum intended load.

- [✓] The competent person must inspect scaffolds before each use.

Andamios y Otras Plataformas Para el Trabajo

PUNTOS GENERALES

- ☑ Proporcionen acceso seguro para poder subir y bajar de los andamios y plataformas de trabajo sin riesgos. Usen escaleras de mano seguramente (vean Escaleras y Escaleras de Mano).

- ☑ Mantengan los andamios y las plataformas de trabajo libres de desecho. Mantengan las herramientas y los materiales tan ordenados como sea posible en los andamios y en las plataformas. Estos métodos ayudaran a que no se caigan los materiales y que no estorben a los trabajadores.

- ☑ Coloquen los andamios sobre bases seguras y niveladas (Figuras 7a y 7b).

- ☑ Los pisos que se hayan completado normalmente pueden soportar el peso de un andamio o una plataforma de trabajo y proporcionan una base estable.

- ☑ Coloquen las piernas del andamio sobre una base sólida y asegúrenlos para que no se muevan o se topen, especialmente en superficies de tierra o similar. (Figuras 7a y 7b).

- ☑ Armen y desarmen los andamios únicamente bajo la supervisión de una persona capacitada.

- ☑ Cada andamio debe poder soportar su propio peso y hasta 4 veces el peso de la carga máxima que puede soportar.

- ☑ La persona capacitada debe revisar los andamios antes de cada uso.

14 SCAFFOLDS AND OTHER WORK PLATFORMS

Figures 7a and 7b. Stable footings and mud sills for this scaffold ensure the stability of the work platform. In this example (right) the siding contractor actually had the base plate manufactured to penetrate the ground while stabilizing the pump jack poles.

- ☑ Use manufactured base plates or mud sills made of hardwood or equivalent to level or stabilize the footings. Don't use blocks, bricks, or pieces of lumber.
- ☑ Also see the checklist in Figure 8.

PLANKING

- ☑ Fully plank a scaffold to provide a full work platform or use manufactured decking. The platform decking and/or scaffold planks must be scaffold grade and must not have any visible defects.
- ☑ Keep the front edge of the platform within 14 inches of the face of the work.

ANDAMIOS Y OTRAS PLATAFORMAS PARA EL TRABAJO

Figuras 7a y 7b. Bases estables y umbrales para este andamio aseguran la estabilidad de la plataforma en donde se trabaja. En este ejemplo (foto a la derecha) el contratista instalando las tablas de forro hizo manufacturar la placa de base para penetrar la tierra a la vez que estabiliza los postes del guimbalete.

- ☑ Usen placas de base o repisas fabricados de madera fuerte o equivalente para nivelar o estabilizar las bases. No usen bloques, ladrillos, o pedazos de madera aserrada.

- ☑ Vea también la Lista de Comprobación en la Figura 8.

TABLAZONES DE CUBIERTA

- ☑ Un andamio siempre debe estar cubierto completamente por un tablazón de cubierta para crear una plataforma completa de trabajo, o se pueden usar tablones fabricados. Los tableros de plataforma y/o los tablones deben ser los apropiados para utilizarse junto con el andamio y no deben tener ningunas tachas visible.

- ☑ Mantenga la orilla del frente de la plataforma a 14 pulgadas de donde se está trabajando.

SCAFFOLDS AND OTHER WORK PLATFORMS

> *Figure 8. Safe Scaffold Use*
>
> ☑ **DO NOT** use damaged parts that affect the strength of the scaffold.
>
> ☑ **DO NOT** allow employees to work on scaffolds when they are feeling weak, sick, or dizzy.
>
> ☑ **DO NOT** work from any part of the scaffold other than the platform.
>
> ☑ **DO NOT** alter the scaffold.
>
> ☑ **DO NOT** move a scaffold horizontally while workers are on it, unless it is a mobile scaffold and the proper procedures are followed.
>
> ☑ **DO NOT** allow employees to work on scaffolds covered with snow, ice, or other slippery materials.
>
> ☑ **DO NOT** erect, use, alter, or move scaffolds within 10 feet of overhead power lines.
>
> ☑ **DO NOT** use shore or lean-to scaffolds.
>
> ☑ **DO NOT** swing loads near or on scaffolds unless you use a tag line.
>
> ☑ **DO NOT** work on scaffolds in bad weather or high winds unless the competent person decides that doing so is safe.
>
> ☑ **DO NOT** use ladders, boxes, barrels, or other makeshift contraptions to raise your work height.
>
> ☑ **DO NOT** let extra material build up on the platforms.
>
> ☑ **DO NOT** put more weight on a scaffold than it is designed to hold.

Figura 8. Uso Seguro de los Andamios

- ☑ **NO** usen secciones dañadas que puedan afectar la fuerza del andamio.
- ☑ **NO** permitan que los empleados trabajen en los andamios cuando ellos se sienten débiles, enfermos, o mareados.
- ☑ **NO** trabajen en cualquier otra sección del andamio que no sea la plataforma.
- ☑ **NO** modifiquen el andamio.
- ☑ **NO** muevan el andamio horizontalmente cuando estén encima trabajadores, a menos que sea un andamio móvil y se sigan los pasos apropiados.
- ☑ **NO** permitan que los empleados trabajen en los andamios cubiertos con nieve, hielo, u otra superficie resbalosa.
- ☑ **NO** instalen, usen, modifiquen, o muevan los andamios dentro de 10 pies de los cables aéreos de energía eléctrica.
- ☑ **NO** usen andamios acodados o colgadizos.
- ☑ **NO** columpien cargas cerca de o sobre los andamios a menos que la carga tenga puesto un cable de cola.
- ☑ **NO** trabajen sobre los andamios durante tormentas o vientos fuertes a menos que la persona capacitada determine que esté seguro.
- ☑ **NO** usen escaleras de mano, cajas, barriles, u otras cosas para elevarse mientras trabajando sobre el andamio.
- ☑ **NO** permitan que los materiales de construcción extras se acumulen en las plataformas.
- ☑ **NO** pongan mas peso sobre un andamio de lo que fue fabricado para soportar.

- ☑ Extend planks or decking material at least 6 inches over the edge or cleat them to prevent movement. The work platform or planks must not extend more than 12 inches beyond the end supports to prevent tipping when workers are stepping or working.

- ☑ Be sure that manufactured scaffold planks are the proper size and that the end hooks are attached to the scaffold frame.

SCAFFOLD GUARDRAILS

- ☑ Guard scaffold platforms that are more than 10 feet above the ground or floor surface with a standard guardrail. If guardrails are not practical, use other fall protection devices such as safety harnesses and lanyards (Figure 9).

- ☑ Place the top rail approximately 42 inches above the work platform or planking with a midrail about half that high at 21 inches (Figure 10).

- ☑ Install toe boards if other workers will be below the scaffold.

ANDAMIOS Y OTRAS PLATAFORMAS PARA EL TRABAJO **16**

☑ Extiendan los tablones o materiales de la plataforma no menos de 6 pulgadas sobre la orilla o asegúrenlos con abrazaderas para prevenir que se muevan. La plataforma o los tablones no deben extenderse más de 12 pulgadas de los soportes de orilla para prevenir que se incline cuando los trabajadores estén caminando o trabajando sobre el mismo.

☑ Aseguren que los tablones fabricados de andamio son de la talla apropiada y que los ganchos en las puntas están sujetados a la base del andamio.

BARANDALES DE SEGURIDAD PARA LOS ANDAMIOS

☑ Protejan las plataformas de los andamios con un barandal de seguridad normal si están colocados a una altura mayor de 10 pies del suelo o superficie del piso. Si los barandales de seguridad no son prácticos, usen otros dispositivos de protección contra caídas como arneses de seguridad y acolladores. (Figura 9)

☑ Coloquen el barandal a través de la parte mas alta de la plataforma o tablazón de cubierta a una altura de 42 pulgadas de la base y un barandal colocado al punto medio o 21 pulgadas. (Figura 10)

☑ Coloquen barandas para los pies al nivel del piso de la plataforma si otros trabajadores estarán pasando debajo del andamio.

17 SCAFFOLDS AND OTHER WORK PLATFORMS

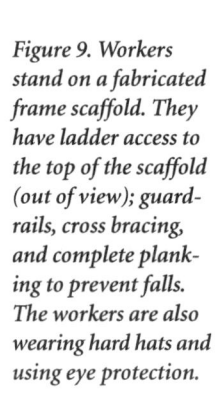

Figure 9. Workers stand on a fabricated frame scaffold. They have ladder access to the top of the scaffold (out of view); guardrails, cross bracing, and complete planking to prevent falls. The workers are also wearing hard hats and using eye protection.

Figure 10. This pump jack scaffold was erected properly with guardrails and roof connectors. Because of the pump jack's limited strength, only two workers or up to 500 pounds are allowed on the unit.

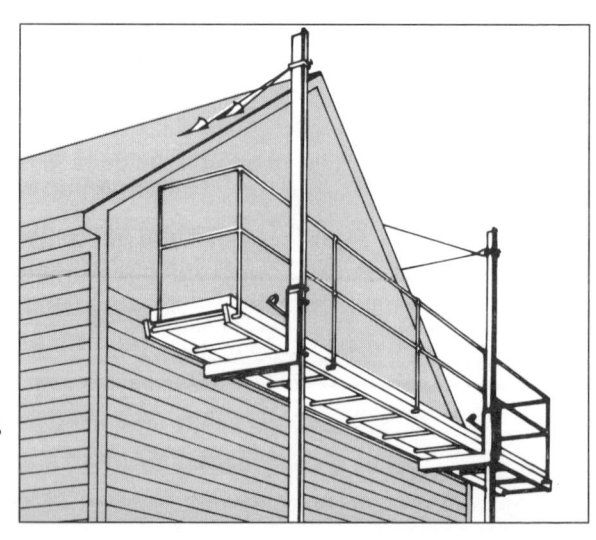

ANDAMIOS Y OTRAS PLATAFORMAS PARA EL TRABAJO **17**

Figura 9. Los trabajadores se paran sobre un andamio fabricado. Tienen acceso a la plataforma mas alta del andamio con una escalera de mano (fuera de vista); barandales de seguridad, barandales cruzados para mayor seguridad, y todos los tablones necesarios para prevenir las caídas. Los trabajadores también tienen puestos cascos de seguridad y están usando protección para los ojos.

Figura 10. Este andamio de guimbalete fue instalado apropiadamente con barandales de seguridad y conectores al techo. Debido a la resistencia limitada del guimbalete, únicamente se permitirá que se suban 2 trabajadores o se coloquen no mas de 500 libras sobre el mismo.

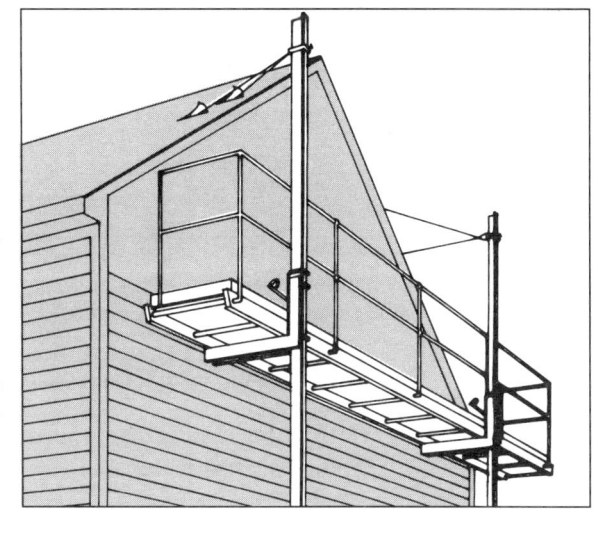

Fall Protection

FLOOR AND WALL OPENINGS

- ☑ Install guardrails around openings in floors and across openings in walls when the fall distance is 6 feet or more. Be sure the top rails can withstand a 200-pound load (Figures 11 and 12).

- ☑ Construct guardrails with a top rail approximately 42 inches high with a midrail about half that high at 21 inches (Figure 13).

- ☑ Install toe boards when other workers are to be below the work area.

- ☑ Cover floor openings larger than 2x2 inches with material to safely support the working load.

ALTERNATIVES

- ☑ Use other fall protection systems such as slide guards, roof anchors, or alternative safe work practices when a guardrail system cannot be used.

- ☑ Wear proper slip-resistant shoes or footwear to lessen slipping hazards.

Protección Contra Caídas

ABERTURAS EN EL PISO Y EN LAS PAREDES

- ☑ Instalen barandales de seguridad alrededor de aberturas en los pisos y a través de las aberturas en las paredes cuando la distancia de la caída es de 6 o más pies. Aseguren que los barandales puedan sostener una carga de 200 libras. (Figuras 11 y 12)

- ☑ Instalen los barandales de seguridad con el barandal más alto midiendo 42 pulgadas con un barandal en medio midiendo mas o menos la mitad del barandal más alto, o sea 21 pulgadas. (Figura 13)

- ☑ Coloquen barreras verticales al nivel del piso cuando otros trabajadores estarán pasando debajo del área de trabajo.

- ☑ Cubran las aberturas en el piso mayores de 2 x 2 pulgadas con materiales que pueden soportar seguramente la carga de trabajo.

ALTERNATIVAS

- ☑ Usen otros sistemas de protección contra caídas como resguardos contra resbalones, anclas de techo, o prácticas adicionales de seguridad si no se puede usar un sistema de barandales de seguridad.

- ☑ Usen zapatos resistentes a las resbaladas o calzado que pueda disminuir los riesgos de las resbaladas.

19 FALL PROTECTION

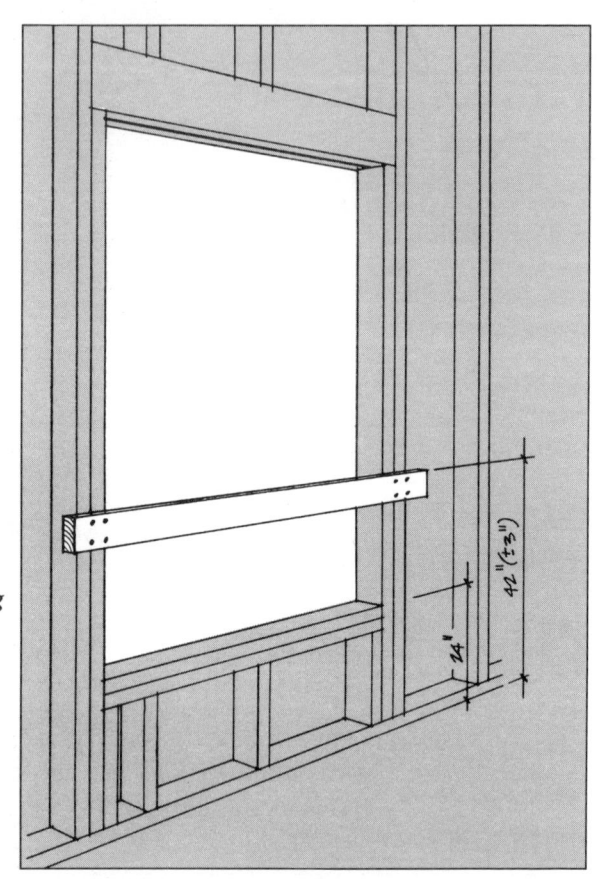

Figure 11.
This window opening has a guardrail because the bottom sill height is less than 39 inches. Because the distance between the studs is less than 18 inches, no guardrails are needed between the studs.

☑ Train workers in safe work practices before they perform work on foundation walls, roofs, trusses (Figure 14), or before they perform exterior wall erections and floor installations.

PROTECCIÓN CONTRA CAÍDAS **19**

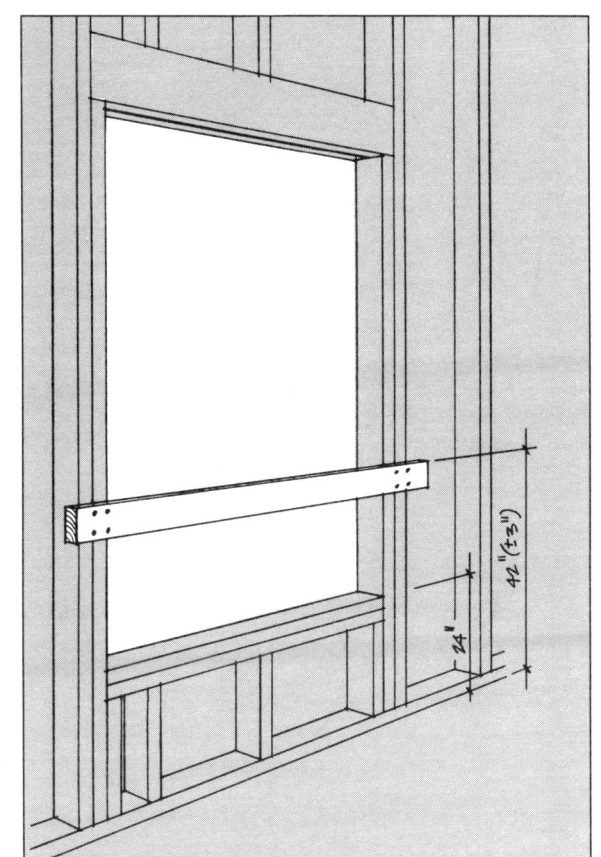

Figura 11. Esta abertura para ventana tiene un barandal de seguridad porque la altura de la solera inferior mide menos de 39 pulgadas. Porque la distancia entre los montantes es de menos de 18 pulgadas, no se necesitan barandales de seguridad entre los montantes.

☑ Entrenen a los trabajadores en los métodos de trabajar seguramente antes que trabajen en las paredes del cimiento, techos, armazones (Figura 14), o antes que instalen paredes exteriores e instalaciones de pisos.

20 FALL PROTECTION

Figure 12. This photograph shows a proper guardrail around a floor opening.

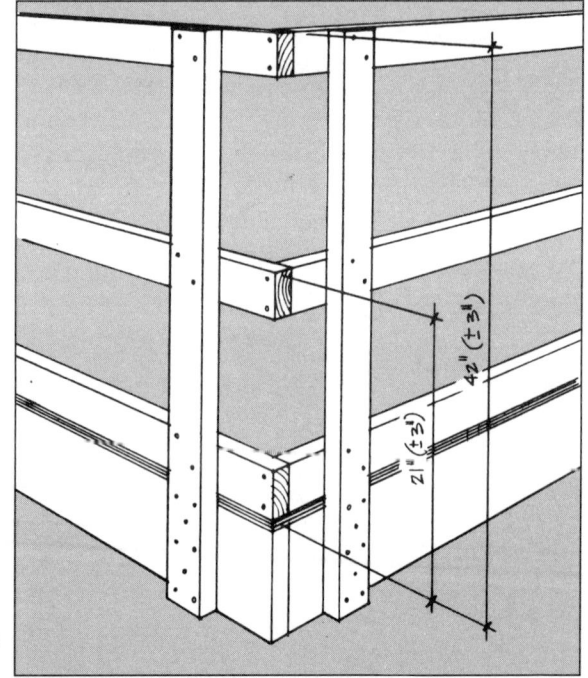

Figure 13. This drawing shows the correct height for guardrails and midrails—about 42 and 21 inches high respectively.

PROTECCIÓN CONTRA CAÍDAS **20**

Figura 12. Esta fotografía muestra como colocar un barandal de seguridad apropiado alrededor de una abertura en el suelo.

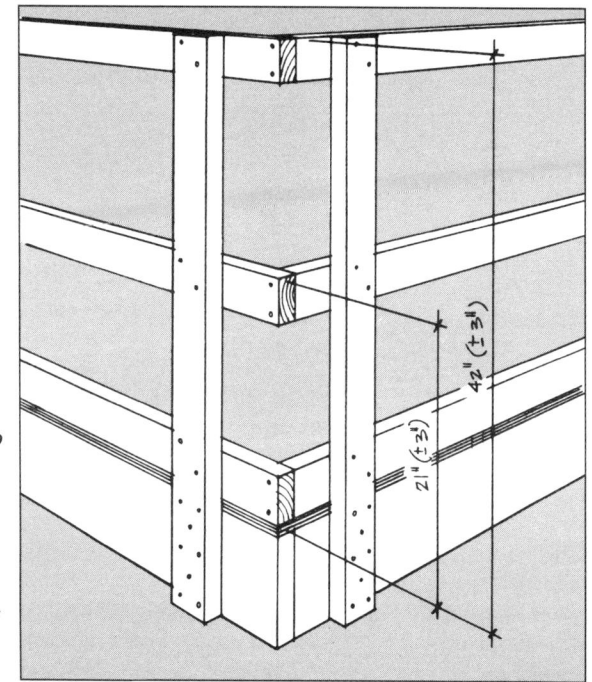

Figura 13. Este dibujo muestra la elevación correcta para los barandales de seguridad y los barandales de punto medio – más o menos 42 y 21 pulgadas respectivamente.

21 FALL PROTECTION

Figure 14. This worker uses a recognized safe work practice by standing on a work platform to secure the end of the roof truss.

WORK ON ROOFS

- ☑ Inspect for and remove frost and other slipping hazards before getting onto roof surfaces.

- ☑ Cover and secure all skylights and openings, or install guardrails to keep workers from falling through the openings.

- ☑ When the roof pitch is over 4:12 and up to 6:12, install slide guards along the roof eave after the first 3 rows of roofing material.

- ☑ When the pitch exceeds a 6:12 pitch, install slide guards along the roof eave after the first 3 rows of roofing material are installed and again every 8 feet up the roof (Figures 15a, 15b, and 16).

- ☑ Use a safety harness system with a solid anchor point on steep roofs with a pitch greater than 8:12 or if the ground-to-eave height exceeds 25 feet.

PROTECCIÓN CONTRA CAÍDAS **21**

Figura 14. Este trabajador usa una práctica de trabajo segura reconocida parándose en una plataforma de trabajo para asegurar las puntas de los travezaños del techo.

TRABAJANDO EN LOS TECHOS

- ☑ Revisen y limpien toda la escarcha y otros artículos que puedan causar resbalones antes de subirse a la superficie del techo.

- ☑ Cubran y aseguren todas las tragaluces y aberturas, o instalen barandales de seguridad para evitar las caídas de los trabajadores a través de las aberturas.

- ☑ Cuando el ángulo de inclinación del techo al horizontal es de mas de 4:12 y hasta 6:12, instalen resguardos contra resbalones a lo largo del alero del techo atrás de las primeras 3 hileras de materiales previamente instalados en el techo.

- ☑ Cuando el ángulo de inclinación del techo al horizontal sobrepasa un ángulo de 6:12, instalen resguardos contra resbalones a lo largo del alero del techo atrás de las primeras 3 hileras de materiales instalados y cada 8 pies subiendo el techo. (Figuras 15a, 15b, y 16)

- ☑ Usen un sistema de arnés de seguridad con un punto sólido de anclaje en los techos muy inclinados con una inclinación mayor de 8:12 o si la altura de piso al alero sobrepasa 25 pies.

22 FALL PROTECTION

Figure 15a (top) and 15b. These photographs show properly installed slide guards along the roof eave. The slide guard is a roof bracket with a 2x6 at a 90-degree angle.

- ☑ Stop roofing operations when storms, high winds, or other adverse conditions create unsafe conditions.
- ☑ Remove or properly guard any impalement hazards.
- ☑ Wear shoes with slip-resistant soles.

PROTECCIÓN CONTRA CAÍDAS 22

Figura 15a (arriba) y 15b. Estas fotografías muestran resguardos contra resbalones correctamente instalados a través del alero del techo. El resguardo contra resbalones es una cartela para andamio de techo midiendo un 2 x 6 a un ángulo de 90 grados.

☑ Descontinúen los trabajos en el techo cuando haya tormentas, vientos fuertes, u otras condiciones adversas que creen condiciones inseguras.

☑ Quiten o aseguren correctamente cualquier riesgo de empalamiento.

☑ Usen zapatos con suelas resistentes a las resbaladas.

FALL PROTECTION

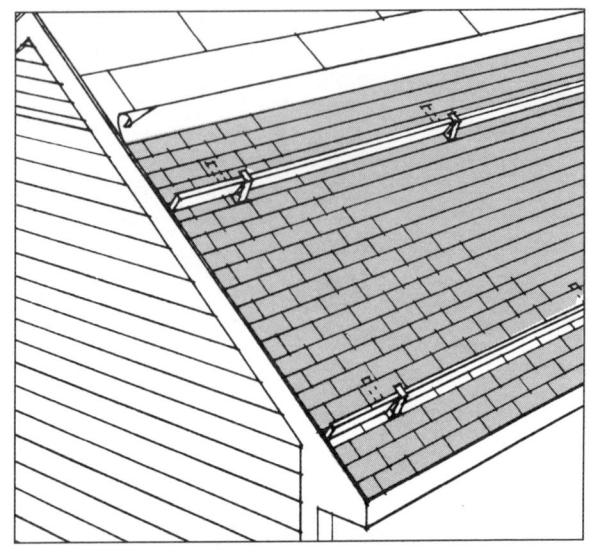

*Figure 16.
This 7:12 pitch roof
has properly installed
slide guards.*

Excavations and Trenching

GENERAL

- ☑ Find the location of all underground utilities by contacting the local utility locating service before digging.

- ☑ Keep workers away from digging equipment and never allow workers in an excavation when equipment is in use.

- ☑ Keep workers from getting between equipment in use and other obstacles and machinery that can cause crushing hazards.

PROTECCIÓN CONTRA CAÍDAS **23**

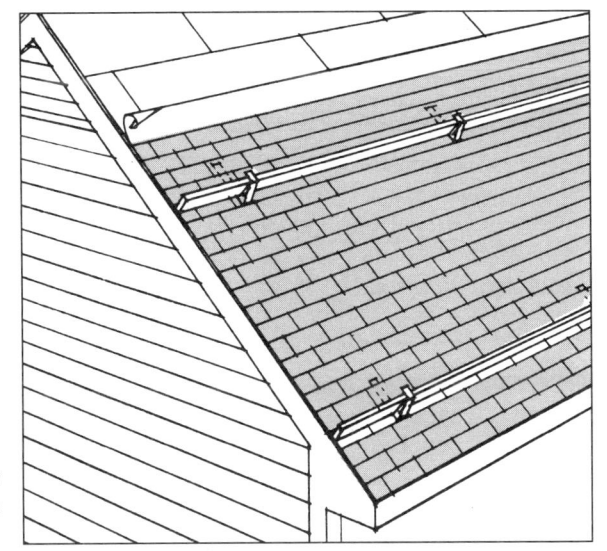

Figura 16. Este techo con una inclinación de 7:12 tiene instalado apropiadamente los resguardos contra resbalones.

Excavaciones y Zanjas

PUNTOS GENERALES

- ☑ Antes de excavar, localicen los cables subterráneos de los servicios públicos comunicándose con el servicio local de servicios públicos.

- ☑ Mantengan a los trabajadores lejos de la maquinaria excavadora y nunca permitan que los trabajadores estén en una excavación donde se este operando maquinaria.

- ☑ Aseguren que los trabajadores no se posicionen entre la maquinaria en uso y otros obstáculos o maquinaria para prevenir los riesgos de compresión.

24 EXCAVATIONS AND TRENCHING

- ☑ Keep equipment and the excavated dirt (spoils pile) back 2 feet from the edge of the excavation (Figure 17).

- ☑ Have a competent person conduct daily inspections and correct any hazards before workers enter a trench or excavation.

- ☑ Provide workers a way to get into and out of a trench or excavation such as ladders and ramps. They must be within 25 feet of the worker.

- ☑ For excavations and utility trenches over 5 feet deep, use shoring, shields (trench boxes), benching, or slope back the sides. Unless a soil analysis has been com-

Figure 17. The dotted line shows the profile of this excavation, as it was sloped at 1½:1. Usually residential excavations are type C soil and will require such a slope. The spoils pile is at least 2 feet back from the edge of the excavation.

EXCAVACIONES Y ZANJAS 24

- ☑ Mantengan al equipo y la tierra excavada (montón de desperdicios) 2 pies mas allá de la orilla de la excavación. (Figura 17)
- ☑ Aseguren que una persona capacitada haga inspecciones diarias y resuelva cualquier riesgo antes de que los trabajadores entren en una zanja o una excavación.
- ☑ Proporcionen a los trabajadores una manera de entrar y salir de una zanja o excavación tal como escaleras de mano y rampas. Estas deben mantenerse no mas lejos de 25 pies de donde se esta trabajando.
- ☑ En las excavaciones y zanjas para instalar cables para servicios públicos de mas de 5 pies de profundidad, usen defensas de orillas, cajas de zanja, banqueos escalonados o inclinen los lados hacia atrás. A menos que se haya completado un análisis de la tierra, la

Figura 17. La linea punteada en la fotografía muestra un diagrama de la inclinación de esta excavación a una inclinación de 1½:1. Normalmente, las excavaciones residenciales se excavan en tierra tipo C, la cual requiere esta inclinación. El montón de desperdicios se localiza por los menos 2 pies en distancia de la orilla de la excavación.

pleted, the earth's slope must be at least 1½ feet horizontal to 1 vertical (Figure 18).

- ☑ Keep water out of trenches with a pump or drainage system, and inspect the area for soil movement and potential cave-ins.

- ☑ Keep drivers in the cab and workers away from dump trucks when dirt and other debris are being loaded into them. Don't allow workers under any load and train them to stay clear of the backs of vehicles.

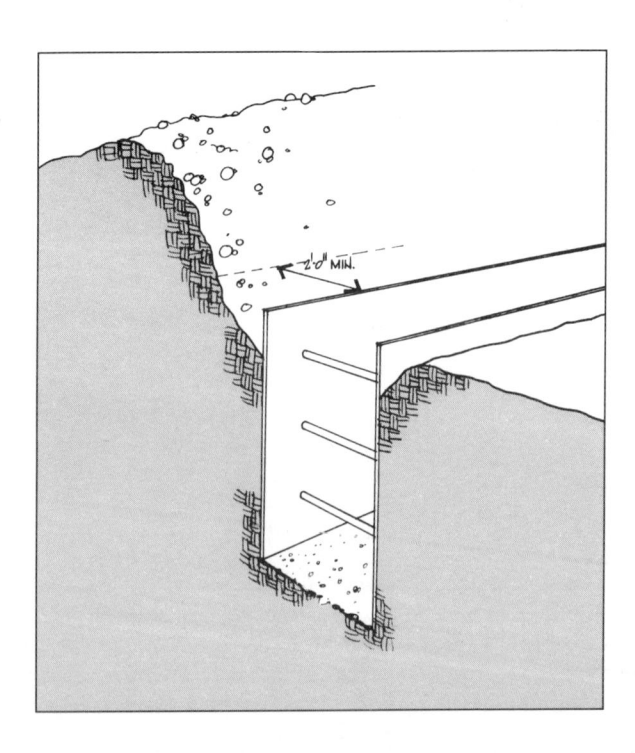

Figure 18. This trench box is being used correctly.

inclinación de la tierra debe de ser no menos de 1½ pies horizontales para 1 pie vertical. (Figura 18)

- ☑ No permitan que entre agua en las zanjas sin que exista un sistema de bomba o drenaje, y revisen el área por movimiento de la tierra y posibles derrumbamientos.
- ☑ Mantengan a los choferes en los cabinas de los camiones y los trabajadores lejos de los camiones de volquete mientras se estén cargando con tierra y otros desechos. No permitan que los trabajadores se paren debajo de cualquier cargamento y enséñenlos a no pararse detrás de los vehículos.

Figura 18. La caja dentro de la zanja se está usando correctamente.

FOUNDATIONS

After the foundation walls are constructed, take special precautions to prevent injury from cave-ins in the area between the excavation wall and the foundation wall (Figure 19).

- ☑ The depth of the foundation/basement trench cannot exceed 7½ feet deep unless you provide other cave-in protection.

- ☑ Keep the horizontal width of the foundation trench at least 2 feet wide. Make sure no work activity vibrates the soil while workers are in the trench.

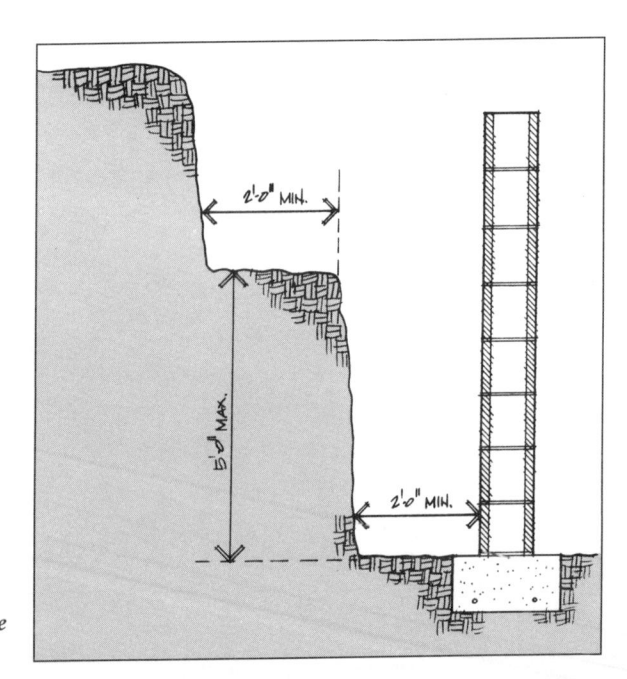

Figure 19. This drawing shows a properly benched trench along a house foundation.

CIMIENTOS

Después que se hayan construido las paredes del cimiento, sean especialmente precavidos para prevenir lesiones posibles causadas por derrumbamientos en el área entre la pared de la excavación y la pared del cimiento. (Figura 19)

☑ La profundidad de la zanja para el cimiento/basamento no puede exceder 7.5 pies en profundidad a menos que se proporcione protección adicional contra derrumbamientos.

☑ Asegureser que la anchura horizontal de la zanja del cimiento mida no menos de 2 pies. Asegureser que ninguna actividad durante el trabajo inicie una vibración de la tierra mientras los trabajadores estén en la zanja.

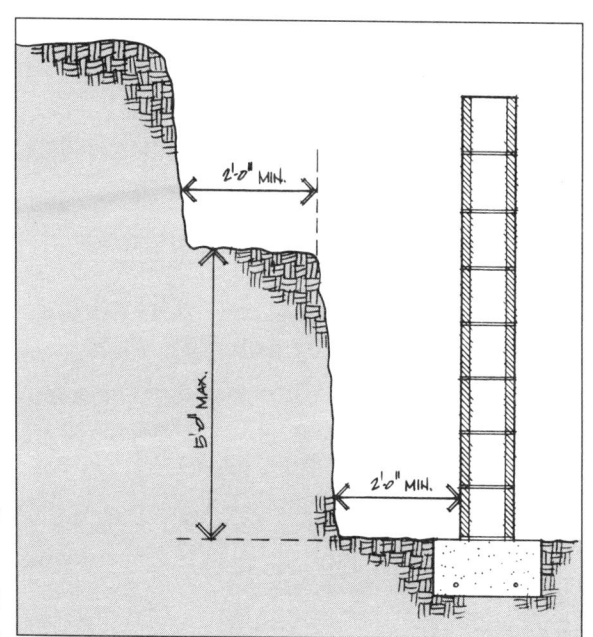

Figura 19. Este dibujo demuestra una zanja correctamente terraplenada a lo largo del cimiento de una casa.

- [✓] Plan the foundation trench work to minimize the number of workers in the trench and the length of time they spend there.
- [✓] Inspect the trench regularly for changes in the stability of the earth (water, cracks, vibrations, spoils pile). Stop work if any potential for cave-in develops and fix the problem before work starts again.

Tools and Equipment

- [✓] Maintain all hand tools and equipment in a safe condition and check them regularly for defects. Remove broken or damaged tools and equipment from the jobsite.
- [✓] Follow manufacturer's requirements for safe use of all tools.
- [✓] Use double insulated tools, or ensure that the tools are grounded.
- [✓] Equip all power saws (circular, skill, table, etc.) with blade guards.
- [✓] Make sure guards are in place before using power saws (Figure 20). Don't use power saws with the guard tied or wedged open.
- [✓] Turn off saws before leaving them unattended.
- [✓] Raise or lower tools by their handles, not by their cords.

- ☑ Planeen el trabajo que se desempeña en la zanja del cimiento para controlar el número de personas trabajando dentro de la zanja y el tiempo que duren allí.

- ☑ Revisen la zanja a menudo por cambios en la estabilidad de la tierra (agua, grietas, vibraciones, montón de tierra). Paren el trabajo si existe alguna posibilidad de derrumbamientos y resuelvan el problema antes de reanudar el trabajo.

Herramientas y Equipo

- ☑ Mantengan todas las herramientas de mano y equipo en buena condición y chéquenlos a menudo por defectos. Desechen toda herramienta o equipo que esté quebrada o dañada.

- ☑ Sigan las direcciones del fabricante para el uso seguro de todas las herramientas.

- ☑ Usen herramientas doble insoladas, o aseguren que las herramientas están conectadas a tierra.

- ☑ Pongan protectores sobre las hojas de todas las sierras eléctricas (circulares, banco aserrador, etc.).

- ☑ Antes de usar las sierras eléctricas, aseguren que todos los protectores estén colocados apropiadamente. (Figura 20) No usen sierras eléctricas con el protector amarrado o partido.

- ☑ Apaguen las sierras antes de dejarlas desatendidas.

- ☑ Levanten o bajen las herramientas por las agarraderas, no por los cordones eléctricas.

TOOLS AND EQUIPMENT

Figure 20. This worker is using a power saw that has all moving parts, including the saw blade, properly guarded.

- ☑ Don't use wrenches when the jaws are sprung to the point of slippage. Replace them.
- ☑ Don't use impact tools with mushroomed heads. Replace them.
- ☑ Keep wooden handles free of splinters or cracks and be sure the handles stay tight in the tool.
- ☑ Workers using powder-activated tools must receive proper training prior to using the tools.
- ☑ Always be sure that hose connections are secure when using pneumatic tools.
- ☑ Never leave cartridges for pneumatic or powder-actuated tools unattended. Keep equipment in a safe place, according to the manufacturer's instructions.
- ☑ Require proper eye protection for workers.

HERRAMIENTAS Y EQUIPO

Figura 20. Este trabajador está usando una sierra eléctrica con todas sus partes móviles, incluyendo la hoja de la sierra, con el resguardo apropiado.

- ☑ No usen llaves de armadores cuando las mordazas se han desgastado y no funcionan debidamente. Repónganlas.
- ☑ No usen herramientas de impacto con cabezas de hongo. Repónganlas.
- ☑ Mantengan las agarraderas fabricadas de madera libre de astillas y grietas y aseguren que la agarradera esté bien fijada a la herramienta.
- ☑ Los trabajadores usando herramientas activadas con pólvora deben recibir entrenamiento apropiado antes de usar las herramientas.
- ☑ Antes de usar las herramientas neumáticas, asegurese que las conexiones a las mangueras estén seguras.
- ☑ Nunca dejen desatendidos los cartuchos para herramientas neumáticas o activadas con pólvora. Mantengan el equipo en un lugar seguro, según las direcciones del fabricante.
- ☑ Requieran que los trabajadores usen protecciones debidas para los ojos.

Vehicles and Mobile Equipment

- ☑ Train workers to stay clear of backing and turning vehicles and equipment with rotating cabs.

- ☑ Be sure that all off-road equipment used on site is equipped with rollover protection (ROPS) (Figure 21).

- ☑ Maintain back-up alarms for equipment with limited rear view or use someone to help guide them back.

- ☑ Be sure that all vehicles have fully operational braking systems and brake lights.

- ☑ Use seat belts when transporting workers in motor and construction vehicles.

- ☑ Maintain at least a 10-foot clearance from overhead power lines when operating equipment.

Figure 21. This worker has been properly trained to operate this piece of equipment, and it is equipped with the appropriate safety devices.

Vehículos y Maquinaria Móvil

- ☑ Díganle a los trabajadores que se mantengan lejos de aquellos vehículos que pueden retroceder y moverse de un lado para otro, así como maquinaria con cabinas rotatorias.

- ☑ Aseguren que toda la maquinaria tipo "off-road" en el sitio de trabajo tenga instalado protección contra las derribadas (ROPS). (Figura 21)

- ☑ Mantengan en operación las alarmas de reversa para aquella maquinaria de vista reducida en reversa o usen a una persona quien los pueda guiar mientras estén en reversa.

- ☑ Aseguren que todos los vehículos tengan sistemas de frenos y luces de frenos que funcionan perfectamente.

- ☑ Usen cinturones de seguridad si se están conduciendo trabajadores en vehículos de motor y de construcción.

- ☑ Cuando se está operando maquinaria, mantengan una distancia de no menos de 10 pies de las líneas de corriente eléctrica

Figura 21. Este trabajador ha sido entrenado correctamente para operar este tipo de maquinaria, el cual posee los aparatos apropiados de seguridad.

VEHICLES AND MOBILE EQUIPMENT

- ☑ Block up the raised bed when inspecting or repairing dump trucks.
- ☑ Know the rated capacity of the crane and use accordingly.
- ☑ Ensure the stability of the crane.
- ☑ Use a tag line to control materials moved by a crane.
- ☑ Verify experience or provide training to crane and heavy equipment operators.

Electrical

- ☑ Prohibit work on new and existing energized (hot) electrical circuits until all power is shut off and a positive Lockout/Tagout System is in place.
- ☑ Don't use frayed or worn electrical cords or cables.
- ☑ Use only 3-wire type extension cords designed for hard or junior hard service. (Look for any of the following letters imprinted on the casing: S, ST, SO, STO, SJ, SJT, SJO, SJTO.)
- ☑ Maintain all electrical tools and equipment in safe condition and check regularly for defects.
- ☑ Remove broken or damaged tools and equipment from the jobsite.

- ☑ Si se están revisando o reparando los camiones de volteo, aseguren de bloquear la cama levantada.
- ☑ Conozcan la capacidad establecida de la grúa y opérenla como corresponde.
- ☑ Aseguren la estabilidad de la grúa.
- ☑ Usen un cable de cola para controlar los materiales que se mueven con grúa.
- ☑ Verifique que los operadores de las grúas y de la maquinaria pesada tengan experiencia operando la maquinaria o proporcionen entrenamiento a los operadores de grúas y de maquinaria pesada.

Electricidad

- ☑ Está prohibido trabajar con circuitos eléctricos nuevos o existentes vigorizados (calentados) hasta que se haya cortado la corriente eléctrica y esté en posición un sistema positivo de cerrar el acceso a la corriente eléctrica con la excepción de la persona capacitada ("lockout/tagout").
- ☑ No usen cables o cordones eléctricos deshilados o gastados.
- ☑ Usen únicamente cordones de extensión de tipo 3-alambres diseñados para trabajo pesado o usos duros menores. (Noten cualquiera de las siguientes letras imprimidas en las envolturas: S, ST, SO, STO, SJ, SJT, SJO, SJTO.)
- ☑ Mantengan todas las herramientas y maquinaria eléctrica en buenas condición y chéquenlos rutinamente por defectos.
- ☑ Quiten del sitio de trabajo toda herramienta o maquinaria quebrada o dañada.

31 ELECTRICAL

- ☑ Protect all temporary power (including extension cords) with ground fault circuit interrupters (GFCIs). Plug into a GFCI-protected temporary power pole, a GFCI-protected generator, or use a GFCI extension cord to protect against shocks (Figure 22).

- ☑ Don't bypass any protective system or device designed to protect employees from contact with electrical current.

- ☑ Locate and identify overhead electrical power lines. Make sure that ladders, scaffolds, equipment, or materials never come within 10 feet of electrical power lines.

Figure 22. The generator is a temporary power source so the builder has used a cord protected by a ground fault circuit interrupter (GFCI) to protect workers against electrocution. If the extension cord was plugged into an outlet in the house, it would still need a GFCI because the extension cord provides temporary power.

ELECTRICIDAD

- ☑ Protejan toda corriente eléctrica provisional (incluyendo cordones de extensión) con circuitos interruptores falta a tierra (GFCIs). Enchúfense a un CFCI-polo de corriente provisionalmente protegido, o a un generador tipo GFCI-protegido, o usen un cordón de extensión tipo GFCI para protegerse contra choques eléctricos. (Figura 22)

- ☑ No sobrepasen cualquier sistema de protección o aparato diseñado a proteger a los empleados de contacto con corrientes eléctricas.

- ☑ Localicen e identifiquen cables aéreos eléctricos. Aseguren que las escaleras de mano, los andamios, maquinaria, o materiales se mantengan a una distancia de 10 pies de donde se localizan las cables eléctricos.

Figura 22. El generador es una fuente de poder temporal de modo que el constructor ha usado un cordón protegido por un circuito interruptor a tierra (GFCI) para proteger a los trabajados contra electrocución. Si el cordón de extensión estuviera enchufado a una toma de corriente en la casa, aun así se necesitaría una GFCI porque el cordón de extensión proporciona poder temporal.

Fire Prevention

- ☑ Provide fire extinguishers near all welding, soldering, or other sources of ignition.
- ☑ Keep fire extinguishers easy to see and reach in case of an emergency.
- ☑ Provide one fire extinguisher within 100 feet of employees for each 3,000 square feet of building. (Figure 23).
- ☑ Don't store flammable or combustible materials in areas used for stairways or exits.
- ☑ Avoid spraying of paint, solvents, or other types of flammable materials in rooms with poor ventilation. Build-up of fumes and vapors can cause explosions or fires.

THE PASS METHOD

Pull the pin.

Aim the nozzle.

Squeeze the lever.

Sweep the nozzle.

Figure 23. Employees should be trained to use the PASS method to extinguish a fire.

Notas

Notes

Notas